AF602830

LES

GRANDES ÉVOLUTIONS DU GLOBE

CLICHY. — Imprimerie M. LOIGNON, PAUL DUPONT et Cie,
rue du Bac-d'Asnières, 12.

UNE CONFÉRENCE

LES GRANDES ÉVOLUTIONS DU GLOBE

PAR

FÉLIX HÉMENT

PARIS
CH. DELAGRAVE ET Cie, LIBRAIRES ÉDITEURS
78, RUE DES ÉCOLES, 78.

1868

Cette Conférence a été faite à Paris (Montmartre, Montrouge, l'Athénée, à la Société pour l'instruction élémentaire), à Saint-Denis, à Lyon, à Périgueux, à Toul, à Saint-Rémy-de-Provence, à Chartres.

LES
GRANDES ÉVOLUTIONS
DU GLOBE

Mesdames, Messieurs,

Pendant un voyage que je fis en Italie, je traversai de riants pays qui ont dû leur célébrité à de sanglantes batailles. Vivement ému, j'interrogeai le sol, j'évoquai mes souvenirs; je croyais voir encore les traces de ces luttes fratricides, les débris de ce carnage humain. Je cherchai inutilement : une brillante parure de verdure et de fleurs cachait à mes yeux les funestes résultats de la guerre. Mais le laboureur à qui je m'adressai, me répondit, comme celui de Virgile, que souvent le soc de sa charrue soulevait des armures brisées et de grands ossements blanchis.

De même en voyant la paix qui règne à la surface de la terre, on est loin de soupçonner que déjà à une faible profondeur on trouve la marque de violentes convulsions qui l'ont agitée à diverses époques. Semblable à ces natures énergiques dont le front serein cache un cœur blessé, la terre dissimule les agitations de son sein sous le calme aspect de sa surface.

Mais si l'on pénètre dans l'intérieur par une de ces voies que tracent les mineurs lorsqu'ils vont arracher à cette terre, toujours mère dans ses entrailles comme à sa surface, les nombreux minéraux dont s'alimente l'industrie, au sein de cette obscurité profonde où nul rayon de soleil n'a pénétré, on trouve les secrets de l'origine du globe et en quelque sorte les mémoires de sa dramatique existence.

Je ne vous décrirai point les couches de roches diverses d'étendue, d'épaisseur et de nature, disposées par assises régulières ou diversement inclinées, attestant le séjour des eaux marines ou lacustres, et les mouvements réguliers ou saccadés, lents ou vifs qui les ont ébranlées, ce serait là les évolutions du globe.

Les *grandes évolutions* dont je veux vous entretenir ont une plus large part dans la vie de notre planète et se sont accomplies dans des intervalles de temps incomparablement plus grands, et qui sont à la durée des simples évolutions ce que les siècles sont aux années, ce que les grandes périodes de notre vie sont aux jours qui la composent.

Une observation familière empruntée aux usages de la vie, et que pour cette raison je cite d'autant plus volontiers, va nous servir de point de départ dans cette étude pour arriver aux plus hautes conceptions sur la formation du monde. Nous suivrons ainsi le procédé de la nature qui, partant d'un germe en apparence imparfait et à peine visible, arrive à la suite de transformations nombreuses et progressives à un être achevé, afin de mieux faire éclater sa puissance.

Ce fait, c'est la constance de la température qui règne au-dessous de la surface du sol.

Chacun sait que si pendant l'été on descend dans une cave on éprouve une sensation de fraîcheur, et que le contraire a lieu en hiver. Pourtant un thermomètre placé dans la cave indique sensiblement la même température en toute saison. Mais en été il fait plus chaud au dehors, tandis qu'en hiver il fait plus froid, d'où l'apparente contradiction. Le thermomètre que La Hire, Cassini et Lavoisier placèrent dans la cave de l'Observatoire à Paris, a constamment indiqué 12° environ.

Il faut conclure de là que l'intérieur de la terre ne reçoit pas sa chaleur du soleil; que notre globe a une chaleur qui lui appartient, une chaleur *propre*.

Le soleil a beau venir chaque été parer la terre, dorer les moissons, mûrir les vendanges, produire tous ces merveilleux changements qui sont la fête des yeux et de l'âme, son action, bien que très-puissante, s'arrête à la surface ; lorsque l'hiver venu, une épaisse couche de neige couvre le sol, lorsque le fleuve impétueux est immobilisé dans son lit par le froid, c'est encore à la surface seule que ces effets se font sentir. Le thermomètre placé à une certaine profondeur indique toujours une température constante, indépendante des variations de l'extérieur.

Voilà donc un point de départ bien établi. Au-dessous du sol, à une faible profondeur, il existe une couche dont la température est constante et indépendante des saisons.

Descendons plus avant dans l'intérieur de la terre, et nous constaterons que la température y est d'autant plus élevée que la profondeur est plus grande. On en fit la remarque pour la première fois dans les mines voisines de Béfort, en 1740. Les mines sont en effet des lieux tout naturellement indiqués pour ce genre d'observations. Le forage des puits artésiens a également permis de constater l'accroissement de la température avec la profondeur.

Le puits de St-Ouen, de 66 mètres de profondeur, donne de l'eau à 12°,9. Celui de Sheerness (Angleterre), profond de 110 mètres, donne de l'eau à 15°,5. L'eau du puits de Grenelle, d'une profondeur de 548 mètres, est à 28°; celle du puits de Rochefort, profond de 800 mètres, atteint 42°.

Les puits artésiens fournissent les premières données sur l'état calorifique de l'intérieur du globe, mais ils ne sont ni assez nombreux, ni surtout assez profonds, pour qu'on puisse rien affirmer sur l'état des couches souterraines. Nos observations ne s'étendent pas même à un kilomètre de profondeur. Or, le rayon de la terre est d'environ 1,500 lieues, soit 6,000 kilomètres; 1 kilomètre n'en fait donc que la six-millième partie. Vouloir, des observations faites dans les mines ou les puits artésiens, conclure ce qui passe dans le sein de la terre, c'est comme si par l'examen de notre épiderme nous espérions connaître le corps humain tout entier. Mais à défaut d'expériences suffisantes, nous aurons recours aux phénomènes naturels. Les sources thermales ne prouvent-elles pas la température élevée des régions souterraines? Nous avons à Plombières une source dont l'eau est à 65°; à Dax (Landes), une autre source dont l'eau est à 60°. Les eaux de Chaudes-Aigues (eaux chaudes), dans le Cantal, sont à la température de 81°. Si nous ne voulons pas nous borner à la France, nous trouvons à Carlsbad (Bohême) de l'eau à 73 degrés; à St-Michel (Açores) et à la Trincheras (Vénézuéla), de l'eau à 97 degrés ; les sources d'Arizino (Japon) et les Geysers d'Islande, ces immenses jets d'eau naturels, dépassent 100 degrés.

Est-ce là la limite ? Non. Les volcans, qui vomissent à l'état de lave incandescente les matières les plus rebelles à la fusion, ne sont-ils pas de véritables soupiraux en communication avec l'immense fournaise dont les vapeurs agitent encore la croûte terrestre, et dont la chaleur gagne les couches supérieures? Il est donc permis d'admettre que les sources de plus en plus chaudes proviennent de couches de plus en plus profondes ; que l'élévation progressive de la température, conséquence de celle de la profondeur, et déjà constatée dans les mines et les puits artésiens, se continue au delà, et que, partant de la couche à la température constante, on arrive par degrés à la mer de feu, pressentie par Platon, le pyriphlégéton.

Bien que les données soient insuffisantes pour établir la loi suivant laquelle la température s'élève à mesure que la profondeur augmente, on a essayé de déterminer par le calcul l'épaisseur de la croûte qui recouvre l'océan igné. Les données expérimentales fournissent un accroissement moyen de 1° pour un accroissement de 30^{m} environ. C'est cette loi vérifiée seulement pour les profondeurs connues qu'on a étendue au delà de ces profondeurs. Il s'ensuivrait qu'à 3 kilomètres au-dessous du sol la température serait celle de l'eau bouillante. A vingt kilomètres, un grand nombre de substances se trouveraient à l'état de fusion. La croûte terrestre serait donc limitée à une épaisseur de trente à quarante kilomètres, c'est-à-dire environ de dix lieues, soit environ la 150me partie du rayon de la terre. On peut donc dire qu'il y a sensiblement le même rapport entre la terre et sa croûte qu'entre un œuf et sa coquille.

Et cependant, les nombres qui précèdent sont

plutôt supérieurs qu'inférieurs aux nombres réels. Il est probable que la partie fluide de notre globe est plus près de la surface que des calculs trop peu certains ne le font supposer. D'abord, la portion intérieure de la terre que nous connaissons est un champ d'observation trop restreint, et ensuite, la plupart des lois connues analogues à celle-ci portent à admettre une élévation de la température plus rapide que celle déduite de la proportion avec la profondeur. L'écorce terrestre sur laquelle nous vivons est donc une pellicule, pour ainsi parler, qui recouvre un océan de feu et de vapeurs diverses.

Ce radeau à peine consolidé qui nous supporte s'ébranle à chaque instant sous l'influence des vapeurs intérieures ; il s'élève, il s'abaisse, il se brise, il tournoie, et on entend de grands bruits comme des décharges d'artillerie, comme des grondements du tonnerre répétés dans les vallées profondes.

On peut douter que cette mer de feu s'étende

jusqu'au centre de la terre, on ne saurait nier qu'elle n'existe à une profondeur plus ou moins grande au-dessous de la croûte terrestre.

Je n'ai touché qu'à une période de l'histoire de notre globe. Pour étudier ses grandes évolutions il nous faut remonter bien loin dans le passé. Ici plus d'expériences possibles; il ne nous reste que l'induction. Mais que peut faire l'homme en présence d'événements qui dépassent de telle façon les limites de son existence?... Il vous souvient de ces petits insectes ailés, délicats, dont parle Aristote, qui habitaient les bords du fleuve Hypanis, ces petits éphémères que vous pouvez voir vous-mêmes aux mois chauds de l'année près des bords de nos rivières et qui ne vivent qu'un jour. Figurez-vous qu'ils veuillent apprécier la constitution de la société humaine et prédire par cet examen d'un instant l'avenir de cette société !... Eh bien, lorsque les hommes veulent connaître l'origine et le développement des mondes, ils ressemblent quelque peu à des éphémères portant des jugements sur les événements historiques.

On ne saurait toutefois reprocher au savant de laisser son imagination, maintenue dans de justes limites par la raison, interpréter librement les phénomènes qui peuvent l'éclairer sur l'origine de ce monde. Vous allez voir dans quelle mesure il le peut faire.

La terre a une croûte peu épaisse recouvrant le feu liquide. Pour que cette croûte se formât, il fallait que la terre se refroidît, et, en effet, elle a dû répandre dans l'espace la chaleur qu'elle possédait.

Ne voyons-nous pas d'ailleurs à côté des volcans encore en activité, d'autres volcans dont les éruptions ont depuis longtemps cessé ? D'ailleurs cette activité est-elle la même pour tous les volcans, et peut-on comparer sous ce rapport le Vésuve au Stromboli et au Cotopaxi ? Il y a donc, vous le voyez, tous les degrés dans l'action volcanique depuis les effets les plus puissants jusqu'à l'apaisement le plus complet. On peut dire que le nombre des volcans tend à diminuer en même temps que leur énergie.

La terre s'est donc refroidie dès l'origine, elle n'a pas cessé de se refroidir, elle se refroidit encore. Mais comment constater ce refroidissement par l'expérience ?

Nous nous trouvons là en présence de faits qui dépassent la portée de nos observations, car le thermomètre n'a guère été employé d'une manière précise que depuis un siècle environ, et ce n'est pas un siècle d'observation qui peut nous éclairer à ce sujet. Nos pères nous ont dit bien des fois : Oh ! de mon temps, il faisait plus chaud ! nous le dirons aussi à nos enfants. Mais cela veut dire : De mon temps, j'avais vingt ans, j'avais la santé, la jeunesse, l'espérance, les illusions. Avec cela on défie les frimas comme on défie la misère. Ne consultons donc pas nos pères en tant que thermomètres.

La durée du jour pourra peut-être nous donner quelque indication meilleure parce que c'est un fait astronomique qu'on peut apprécier depuis plus de vingt siècles, et si 2,000 ans ne sont rien devant l'éternité, c'est quelque chose pour nous.

Quel rapport, me direz-vous, y a-t-il entre la question de refroidissement du globe et la durée du jour ? On dirait deux faits totalement étrangers l'un à l'autre. Ils se tiennent cependant et par un lien étroit, car la terre ne peut se refroidir sans se contracter, et si elle diminue de volume, sa vitesse varie. La variation dans la durée de la rotation se relie donc à l'abaissement de la température. Les premières observations astronomiques remontent beaucoup plus loin que celle de la température, et cependant elles n'indiquent aucun changement dans la durée du jour. On ne peut donc rien conclure relativement à la température, mais cela prouve tout au plus que même 2,000 ans constituent une période insuffisante pour amener un refroidissement appréciable. Nous sommes donc forcés de nous en tenir à des probabilités qui sont, il est vrai, voisines de la certitude.

Poursuivons. Remontons dans le passé, remontons encore, et voilà la croûte qui devient de plus en plus mince. Au lieu de former une enveloppe continue, elle n'existe qu'en fragments plus ou moins étendus et sans lien, comme ces premières scories qui flottent à la surface de la fonte en fusion lorsqu'elle commence à se refroidir. A un moment donné elle n'existe plus : la terre n'est qu'une boule incandescente ; une mer de feu la couvre de toutes parts. Nous voilà reportés à quelques millions d'années en arrière, mais nous pouvons avoir toutes les audaces vis-à-vis de l'éternité. C'est à ce moment que la forme générale de notre globe a été définitivement fixée. Ses modifications de détail sont venues longtemps après. La terre alors était ronde, et son état de fusion est attesté par son aplatissement aux pôles et son renflement à l'équateur, conséquence de sa rotation sur elle-même.

Est-ce là le premier état ? Non. C'est la température de nos volcans, mais une température inférieure à celle du soleil. Nous pouvons donc concevoir la terre à une température encore plus élevée.

En lui rendant par la pensée ce qu'elle a perdu de chaleur, rendons-lui ce qu'elle a perdu en volume, car, on le sait, la chaleur dilate les corps. Sa croûte n'existe pas, elle devient dix, cent, mille fois plus grande en devenant dix, cent, mille fois plus ardente.

Mais la liquidité n'est pas le dernier état de la matière. Un corps échauffé de plus en plus, de solide devient liquide, et de liquide, gazeux. Si nous continuons à élever par la pensée la température de la terre, elle prend donc l'état gazeux, et alors elle s'étend au point de devenir aussi vaste peut-être que le soleil.

Pour atteindre la période liquide j'ai été obligé de remonter à plusieurs millions d'années en arrière. Pour arriver à la période gazeuse, qui n'est pas encore l'enfance de la terre, qui n'en est pour ainsi dire que l'adolescence, combien de millions d'années nous faudra-t-il franchir ? J'avais bien raison de vous parler de grandes évolutions.

A l'état gazeux, les molécules de la matière se tiennent encore entre elles ; elles ne sont pas dispersées. Allons plus avant encore. Rendons à la terre une chaleur dont nous n'avons pas la moindre idée. N'oublions pas, en effet, que les plus hautes températures dont nous disposions ne dépassent pas 2,000 degrés, et qu'à cette température les corps ne sont pas même tous fondus.

De même que la matière se consolide de plus en plus en se refroidissant, elle se dégage de plus en plus de ses liens en s'échauffant ; si bien qu'arrivée à cette température dont le degré est en quelque sorte infini, elle s'est tellement disséminée que les atomes sont non-seulement libres, mais plus que libres si j'ose parler ainsi.

Les atomes terrestres sont alors répandus dans l'espace, sans aucun lien entre eux, absolument indépendants les uns des autres. Semblables aux membres d'une association qui arrivent à l'isolement complet et enlèvent ainsi toute force à leur association par un amour excessif de l'indépendance.

Le monde céleste nous offre-t-il quelques exemples d'un état analogue à celui de la terre à l'origine des choses ? Oui. Jetez les yeux au ciel; vous y verrez cette longue traînée blanchâtre, fleuve de lait répandu par Junon selon la gracieuse poésie des Grecs, qu'on nomme la *Voie lactée.* C'est une longue bande nuageuse d'un doux éclat traversant la voûte céleste. Si, prenant une lunette, vous vouliez sonder tous les points de l'espace et *rompre*, comme Herschell, *les barrières du ciel*, vous verriez par milliers de ces taches blanchâtres bien moins étendues qu'on appelle des *nébuleuses.* Voilà l'état primitif du globe, voilà comment naissent les mondes..., je n'ai pas dit comment ils sont conçus...

Un fait curieux va nous servir à établir ce premier état de la terre presque avec autant de rigueur que son état actuel. Si un astronome vous guide dans l'exploration à laquelle je vous convie, il vous montrera des nébuleuses de divers âges, et, partant, plus ou moins achevées. C'est d'abord une nébuleuse ayant l'aspect d'un globe de verre dépoli, c'est-à-dire présentant une lumière uniformément douce; aucun point plus brillant que les autres. Puis en un autre lieu de l'espace, c'est une nébuleuse sensiblement arrondie aussi, mais offrant en son milieu une sorte de noyau plus compacte et plus lumineux, entouré d'une lumière plus douce et plus pâle que celle de la précédente, comme si une portion de la matière s'était condensée au centre. Ailleurs, une autre nébuleuse dont la nébulosité aura complétement disparu et dont le noyau sera plus brillant. Enfin, il vous montrera les étoiles sans nombre, nébuleuses complétement condensées, soleils innombrables jetés dans l'espace.

De là on peut, sans grande témérité, conclure que la même nébuleuse passe par les différentes formes que nous venons d'observer. Que, nuage lumineux à l'origine, elle se ramasse de plus en plus en son centre, l'éclat de sa lumière devenant d'autant plus vif que sa masse est plus condensée, enfin que toute nébuleuse est le germe d'un soleil.

Les âges antérieurs de la terre nous apparaissent donc : la nébuleuse devient soleil, c'est la période de l'enfance ; le soleil devient terre, c'est la période de l'adolescence.

Si, après avoir interrogé les cieux pour leur dérober les secrets de l'origine de notre planète, nous regardons vers l'avenir, pouvons-nous prévoir ce qu'elle doit devenir ? Sans doute. N'avons-nous pas un satellite qui nous annonce notre fin ?

La terre se refroidit toujours, la croûte s'épaissit de plus en plus, les agitations diminuent, le noyau se solidifie. Le soleil qui lui envoie de la chaleur se refroidit aussi : donc perte de chaleur à l'intérieur, perte de chaleur à l'extérieur.

Il n'en fallait pas tant.....

Nous marchons donc au froid, nous marchons à la mort. L'océan solidifié aujourd'hui aux deux pôles seulement, se solidifie bientôt en son entier; les glaces ont avancé de plus en plus des pôles vers l'équateur, restreignant sans cesse la portion de terre que l'humanité a en partage et refoulant celle-ci vers l'équateur, son dernier asile. Un manteau de glace recouvre la terre. L'air reste encore; bien qu'il soit refroidi, il est encore gazeux. Le refroidissement continue car rien ne l'arrête, et l'air jusqu'alors insoumis est enfin dompté. Il est liquide. Une mer nouvelle, d'un liquide inconnu, d'air liquide, recouvre les anciens océans solidifiés. Enfin l'air est devenu solide et une seconde mer de glace couvre la première. Il y a longtemps que les animaux ont disparu, il y a longtemps qu'aucune végétation ne pare plus la terre ; ce ne sont que déserts, et montagnes désolées. Enfin, depuis longtemps aussi, sous l'influence de l'action continue des marées le mouvement du globe s'est ralenti de plus en plus. La durée du jour est devenue plus grande, les variations de température plus brusques.

Le télescope qui tout à l'heure nous montrait dans les nébuleuses le premier âge de la terre, va maintenant nous laisser entrevoir la fin de notre globe.

La lune, c'est la terre dépouillée de ses habitants, végétaux et animaux ; la vie a disparu. C'est la terre sans air, sans eau, presque sans mouvement. Le silence et le froid, ces compagnons de la mort, règnent dans ce monde désolé.

Peut-être alors le soleil sera-t-il devenu une terre éclairée par un soleil plus éloigné, entrant ainsi dans la seconde partie de sa vie, quand la terre sera en train d'accomplir la fin de la sienne.

Eh quoi! sera-ce donc la mort partout!... Pendant que des mondes s'éteignent, d'autres sans nombre arrivent à la vie, se développent à leur tour; c'est un cercle éternel de mondes toujours nouveaux, qui naissent sur tous les points de l'espace et de mondes vieillis qui entrent dans l'éternelle nuit.

Nous sommes maintenant en mesure de comprendre cette immortelle conception de Laplace qui a relié tous les membres de la grande famille planétaire. Agrandissez la terre par la pensée en lui rendant la chaleur ; rendez de même au soleil et sa chaleur et ses dimensions primitives, et voilà la terre et le soleil, séparés aujourd'hui par 38 millions de lieues, qui se rejoignent ; et la lune aussi, en reprenant ses premières dimensions avec sa chaleur, vous montrera que les 80,000 lieues qui la séparent de la terre ne sont pas un obstacle infranchissable.

Il en est de même pour toutes les planètes qui tournent autour du soleil, il n'y a plus qu'une nébuleuse qui est non plus la nébuleuse terrestre, mais la nébuleuse solaire de tout le sytème auquel la terre appartient. C'est un immense nuage lumineux qui tournoie ; en tournoyant il se refroidit, se contracte peu à peu ; de temps à autre des portions se détachent qui, se concentrant de leur côté, tournoient autour du centre commun incomparablement plus gros que tous ces fragments détachés.

De là toutes ces planètes tournant sur elles-mêmes, tournant autour du soleil dans le même sens et dans des plans qui diffèrent très-peu les uns des autres, attestant ainsi le lien qui existe entre elles. Toutes les planètes et leurs satellites se sont détachées un jour du soleil, qui est doublement leur père puisque après leur avoir donné naissance il continue à les vivifier. Cette parenté soupçonnée entre les divers corps de notre système, justifiée par les diverses analogies de forme, de mouvements, de vitesse qu'ils possèdent, a été confirmée de la manière la plus éclatante par l'analyse chimique de ces corps au moyen des raies spectrales. Il faut donc ajouter à ce qui précède l'identité des principes constituants.

Un fait vient encore corroborer cette hypothèse. Lorsqu'on se trouve dans le voisinage des tropiques on observe à l'horizon aussitôt après le coucher du soleil une merveilleuse pyramide de lumière qui s'élance vers les cieux.

Ce brillant phénomène est sans doute dû à des milliards de parcelles de la même matière que celle qui constitue les planètes, poussière peut-être plus subtile encore que les corpuscules qu'illumine sur son trajet un rayon de soleil traversant une chambre obscure. Cette matière disséminée, c'est la poussière du monde qui n'a pas reçu d'emploi.

Qui vient encore confirmer les faits précédents ? Les milliers de débris qui tombent à la surface de la terre et aussi sans doute à la surface des planètes, débris qui pénètrent dans notre atmosphère avec une vitesse telle que le frottement suffit pour les enflammer et les rendre lumineux, traversant l'air comme des milliers de fusées. Restés dans l'espace depuis l'origine des choses, ils montrent que le monde n'est pas terminé, qu'il s'achève encore, chaque planète, ainsi que la terre, recueillant au passage ces enfants perdus de la création.

Nous avons établi ces différents points : la terre a été nébuleuse; elle a été soleil; elle est terre, elle deviendra lune.

La lune a été soleil et terre, mais, vu ses petites dimensions, les périodes correspondant à ses diverses transformations ont été incomparablement plus courtes.

Le soleil qui a été nébuleuse deviendra terre à son tour, et lune par la suite, après des laps de temps incomparablement plus grands et en rapport avec ses dimensions énormes.

Notre examen rapide des grandes évolutions du globe est maintenant terminé. Mais comment nous arrêter à ces limites de l'origine et de la fin des mondes, l'état de nébuleuse et celui de lune? Encore ici, comme dans l'examen de sa propre destinée, l'homme apporte cette noble inquiétude qui fait sa force et son tourment; il ne sait point s'arrêter, même lorsque la science l'abandonne, et il veut connaître l'origine et la fin des mondes comme il veut savoir d'où il vient et où il va.

Ne lui dites pas qu'il doit se résigner à ignorer ces choses, et qu'il errera si la science ne le guide. Que lui importe ? Ce n'est point la solution d'un problème qu'il poursuit. Un désir secret le tourmente et il y obéit instinctivement. Ne le détournez pas de cette recherche, et d'ailleurs vous n'y réussiriez pas.

N'allez pas croire toutefois que ces efforts soient infructueux. J'ai vu un homme essayant d'ébranler un de ces chênes majestueux, orgueil de nos forêts,

« De qui la tête au ciel était voisine,
« Et dont les pieds touchaient à l'empire des morts. »

Le géant semblait se rire des faibles efforts de l'homme et celui-ci sentait bien aussi son impuissance; mais après des assauts longtemps répétés, l'homme sentit ses muscles plus puissants, ses forces décuplées, et cette lutte continue qui avait laissé l'arbre debout avait pourtant rendu l'homme plus fort.

De même la recherche de l'origine des choses à laquelle l'homme s'attache malgré la certitude de l'insuccès, en tant que l'on considère la solution, est un de ces exercices salutaires qui fortifient et étendent son esprit en même temps qu'ils élèvent son âme.

D'autre part, si la science se constitue à l'aide de l'expérience et de l'observation, on conviendra que ces moyens de recherche ne sont pas infaillibles et que les résultats qu'ils fournissent, loin d'offrir le caractère de certitude absolue qui appartient à la vérité seule, portent au contraire l'empreinte de l'infirmité de notre nature. Ils sont ou faux, ou insuffisants, ou incomplets. Ce n'est qu'à la suite de recherches incessantes, de travaux continus que la lumière se fait, et sur certains points seulement. La science, c'est le progrès, en ce sens que c'est un acheminement lent et continu vers la vérité. On ne saurait la concevoir autrement que dans cette ascension progressive, dans cette mutabilité permanente qui est précisément le caractère opposé à la vérité absolue. Elle se consolide, s'améliore, se complète constamment sans s'achever jamais. Elle poursuit incessamment la vérité dont elle s'approche toujours, sans parvenir à l'atteindre.

Dès lors pourquoi ces affirmations si nettes de quelques savants, en l'absence d'un caractère certain de vérité? Pourquoi cette impérieuse demande de séparation entre les faits d'ordre purement expérimental et ceux qui dépendent de la raison seule, demande faite avec tant de hauteur au nom de la science par elle-même si modeste? Que l'on distingue et que l'on groupe nos connaissances d'après leur origine et le degré de certitude qu'elles offrent, rien de plus juste. Mais que l'on distingue pour unir et non pour diviser. Reconnaissons les droits du sentiment en même temps que ceux de la raison; faisons la part à chacune de nos aspirations comme à chacun de nos besoins. Si l'on nous dit qu'alors nous désertons la science, nous répondrons que l'observation, le domaine des faits, la recherche des causes secondes, constitue une partie de la science seulement, et que la recherche des causes premières est aussi du domaine de la science. Mieux encore, c'est ce qui l'ennoblit et l'idéalise; c'est l'auréole qui la couronne.

FIN.

Clichy. — Impr. M. Loignon, P. Dupont et Cie,
rue du Bac-d'Asnières, 12.

DU MÊME AUTEUR

(Volumes in-18, brochés.)

Premières notions d'Histoire naturelle, 6e édit.. 2f 25c

Premières notions de Météorologie et de Physique du Globe........................ 1 50

Menus propos sur les Sciences, 2e édition...... 2 »

Ces ouvrages ont été couronnés par la Société pour l'Instruction élémentaire, adoptés par la Commission officielle pour être donnés en prix dans les écoles, et ont obtenu une médaille à l'Exposition universelle de 1867.

Les Conférences du quai Malaquais.... ...... 1f 50c

Avec le concours de MM. Louis Jourdan, Ernest Morin, Ch. Sauvestre, Thévenin et Vulpian.

Les Curiosités scientifiques de l'année 1867, 2e édit. 1f 00c

Avec le concours de MM. Ch. Gaumont, H. de Parville, Victor Meunier, Stanislas Meunier, G. Le Bon, Aristide Roger.

L'Homme primitif........................ » 50c

L'Aluminium............................ » 25

Clichy. — Impr. M. Loignon, Paul Dupont et Ce, rue du Bac-d'Asnières, 12.

www.ingramcontent.com/pod-product-compliance
Ingram Content Group UK Ltd.
Pitfield, Milton Keynes, MK11 3LW, UK
UKHW022003260726
13994UKWH00004B/1928

9 782329 354880